奶产品质量与风险评估创新团队
中国农业科学院北京畜牧兽医研究所

中国奶产品质量安全研究报告

（2023年）

王加启　主编

中国农业科学技术出版社

图书在版编目（CIP）数据

中国奶产品质量安全研究报告. 2023年 / 王加启主编. --北京：中国农业科学技术出版社，2023. 7
ISBN 978-7-5116-6281-1

Ⅰ. ①中… Ⅱ. ①王… Ⅲ. ①奶制品－产品质量－安全管理－研究报告－中国－2023 Ⅳ. ①TS252.7

中国国家版本馆CIP数据核字（2023）第 086133 号

责任编辑 金 迪
责任校对 贾若妍 李向荣
责任印制 姜义伟 王思文

出 版 者 中国农业科学技术出版社
北京市中关村南大街 12 号 邮编：100081
电 话 （010）82106625（编辑室） （010）82109702（发行部）
（010）82109709（读者服务部）
网 址 https：// castp.caas.cn
经 销 者 各地新华书店
印 刷 者 北京建宏印刷有限公司
开 本 185 mm × 260 mm 1/16
印 张 5.75
字 数 55 千字
版 次 2023 年 7 月第 1 版 2023 年 7 月第 1 次印刷
定 价 98.00 元

《中国奶产品质量安全研究报告（2023年）》

编　委　会

《中国奶产品质量安全研究报告（2023年）》

编 写 组

主　编： 王加启

副主编： 郑　楠　孟　璐　刘慧敏

编　委（按姓氏笔画排序）：

王　成　王丽芳　邓立刚　叶巧燕

李　栋　李　琴　李爱军　杨祯妮

张佩华　张养东　陈　贺　周振峰

郑百芹　屈雪寅　赵圣国　赵艳坤

姚一萍　顾　静　顾佳升　高亚男

唐文浩　陶大利　韩荣伟　程广燕

程建波　熊偲皓

前　言

绿色，孕育着希望。《中国奶产品质量安全研究报告》（简称“绿皮书”）以绿色为主色，寓意中国奶业肩负着人民健康的使命和强壮民族的希望。

奶类具有“基础营养”和“活性营养”双重功能，可为实现健康中国、强壮民族的目标发挥突出作用。

自2016年以来绿皮书每年发布，今年是第八年，其客观、科学地展现了奶业发展的状况，重点介绍奶业质量安全技术研究进展。

2022年，农业农村部奶产品质量安全风险评估实验室（北京）和国家奶业科技创新联盟联合全国25个省66家奶制品企业，对中国奶业的基本情况、国产奶质量安全情况、国产奶与进口奶质量安全水平比较、国家优质乳工程的实施成效进行了系统的分析和评估研究，同时对2022年亮点工作进行了介绍。

本绿皮书立足于奶业创新团队的研究结果和国内外资料综述。在内容上，每年有不同的侧重点，而不是面面俱到，也不能解决或回答所有问题。编写本报告仅为做强做优我国奶业，为消费者能喝上优质奶、保障中国人自己的奶瓶子提供一点参考。不足之处，请批评指正。

目　录

第一章　中国奶业基本情况…………………………… 1

一、奶业生产 ……………………………………… 2

二、乳品加工 ……………………………………… 3

三、乳品消费 ……………………………………… 4

四、乳品贸易 ……………………………………… 7

第二章　国产奶质量安全情况………………………… 9

一、奶制品安全高于全国食品安全平均水平 ……… 10

二、国产婴幼儿配方奶粉继续保持高质量安全水平 … 10

三、国产奶质量安全水平与欧盟比较 ……………… 11

四、后疫情时代下乳品消费 ………………………… 12

第三章　国产奶与进口奶质量安全水平比较…………………… 14
一、国产奶与进口奶安全水平比较 ………………………… 15
二、国产奶质量水平比较 …………………………………… 21
第四章　中国优质乳工程…………………………………………… 36
一、优质乳工程企业总体介绍 ……………………………… 39
二、优质乳工程产品抽检与复评审情况 …………………… 40
三、优质乳产品质量评价 …………………………………… 44
四、优质牧场原料奶质量评价 ……………………………… 46
五、优质乳工程大事记 ……………………………………… 48
参考文献……………………………………………………………… 80

第一章　中国奶业基本情况

- 奶业生产
- 乳品加工
- 乳品消费
- 乳品贸易

一、奶业生产

2022年，我国奶类总产量约4 032.8万吨，其中牛奶产量3 932万吨，比2021年增加249万吨，同比增长6.8%（图1-1）。奶牛养殖规模化程度继续提升，据农业农村部监测数据，2022年100头以上的奶牛标准化规模养殖场占比达70%，同比提高3个百分点，养殖机械化、信息化、智能化水平进一步提升。全国奶牛养殖场（户）年末平均存栏为295.7头，比上年增加26.7头。奶站监测奶牛年

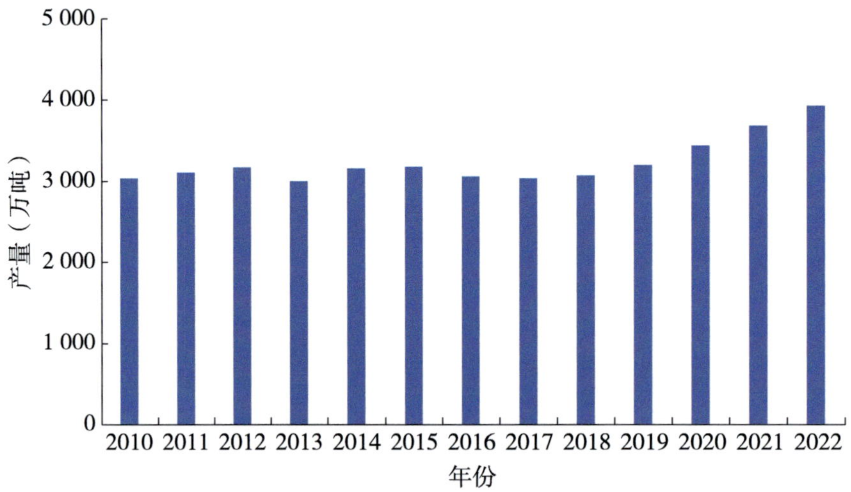

图1-1　2010—2022年我国牛奶产量

（数据来源：国家统计局，2022）

末存栏607.2万头，奶牛单产9.3吨/年，同比增加5.7%。生鲜乳平均收购价格为4.23元/kg，同比下降3.6%。2022年国内奶牛养殖利益状况持续下滑，每头牛年平均利润为3 255元。

二、乳品加工

据国家统计局数据，2022年我国规模以上奶制品企业累计产量3 117.70万吨（图1–2），同比增长2.0%。其中，液态奶和奶粉产量分别为2 925.05万吨、98.59万吨，比上年分别同比增长2.38%、0.08%。奶制品产量排名前十位的省份依次是内蒙古、河北、山东、宁夏、河南、黑龙江、江苏、湖北、四川、安徽，产量合计2 190.03万吨，占全国总产量的70.2%。其中，内蒙古奶制品加工量居全国首位，约占全国的13.3%；其次是河北，占比约12.5%；山东排第三位，约占7.7%（图1–3）。国家统计局规模乳企监测数据显示，2022年全国奶制品加工销售总收入4 717.3亿元，同比增长1.1%，加工利润总额385.1亿元，同比增长1.6%，销售收入利润率为8.2%，比2021年高出0.2个百分点。

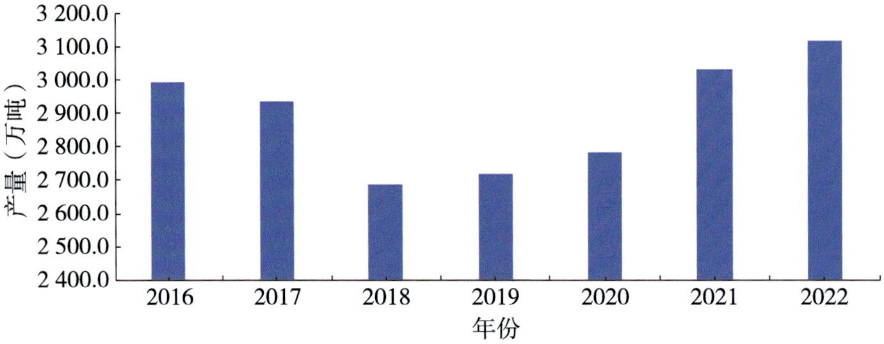

图1-2　2016—2022年规模以上奶制品企业累计产量

（数据来源：国家统计局，2022）

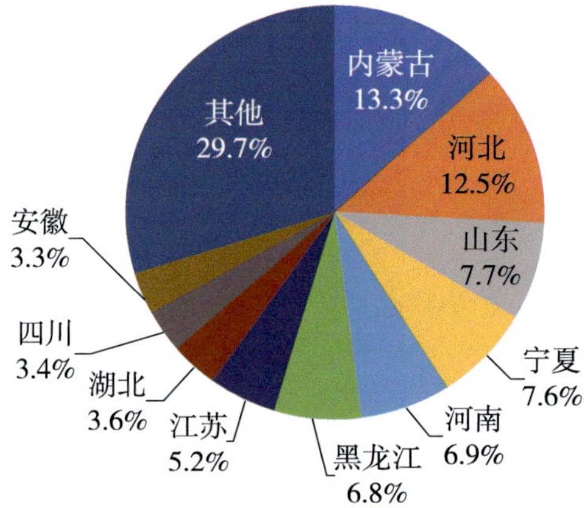

图1-3　2022年全国奶制品产量排名情况

（数据来源：国家统计局，2022）

三、乳品消费

根据国家统计局数据，2022年我国牛奶产量为3 932万吨，同比增长6.8%。如果以国内奶类总产量与折合原料奶的奶制品进口总量之和来衡量，2022年奶类需求约5 935万吨，人均奶类消费量达42.0kg，同比下降1.3%，是2015年以来我国奶类需求首次出现下降的一年。据国家统计局数据，2022年奶制品产量3 117.7万吨，比上一年增长2.0%，增幅比上一年回落7.3个百分点。受三年新冠病毒疫情影响，2022年国内经济增速下降，居民预期收入下降，消费倾向保守，是导致2022年奶制品消费需求不断放缓的原因。按照《中国居民膳食指南（2022）》中推荐每日300～500g奶制品摄入量的最低水平计，达到推荐量的38.4%，基本与上一年持平。

据测算，2022年，我国液态奶消费量4 585.2万吨，人口以14.12亿计算，折合人均液态奶消费量32.5kg，与2021年相比提高2.8%，增速比2021年回落6.5个百分点，液态奶消费在我国居民奶类消费中占比回升至77.4%。2022年在奶制品消费疲软的背景下，液态奶销售情况优于行业整体，据行业监测，2022年，我国纯牛奶销售量基本与2021年持平，全年增幅约0.1%，但与2021年全年增幅8.2%相比，大幅回落；受疫情管控的影响，低温鲜奶销售量明显下降，降幅在10%以上。2022年，奶粉的消费占比下降了3个百分点，黄油和奶酪的消费占比分别为1.9%、2.5%（图1-4，图1-5）。

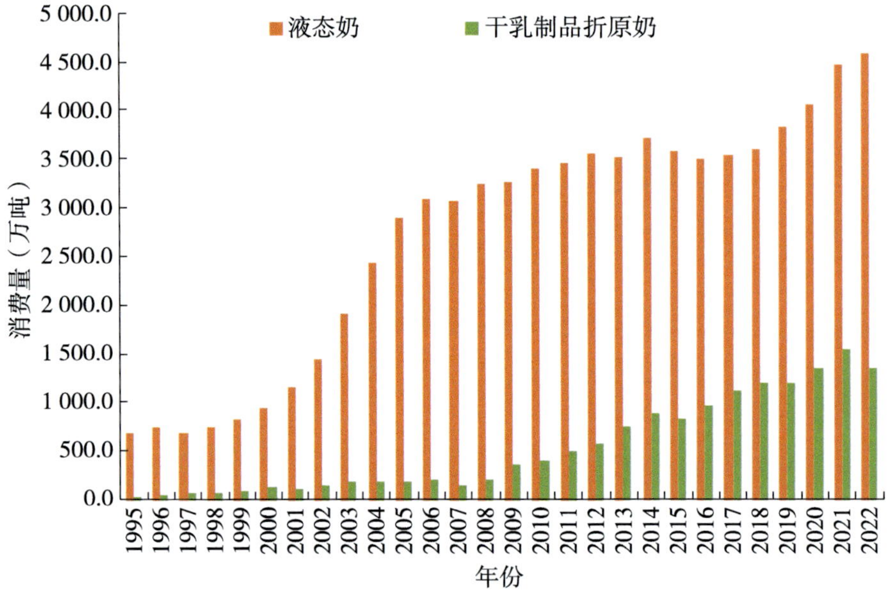

图1-4　1995—2022年我国液态奶和干奶制品消费趋势

（数据来源：农业农村部食物与营养发展研究所测算，2022）

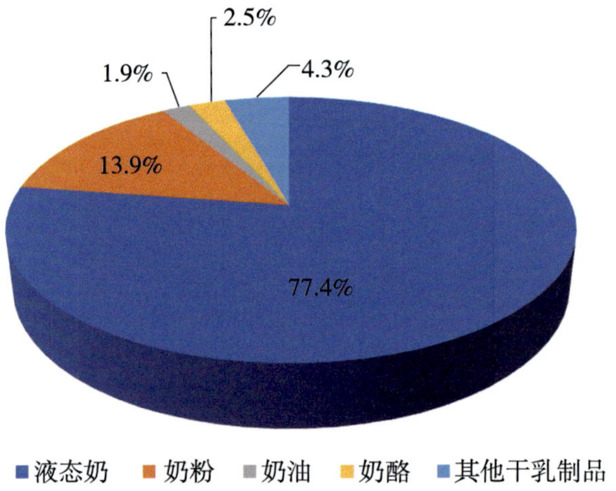

图1-5　2022年我国奶类消费结构

（数据来源：农业农村部食物与营养发展研究所测算，2022）

四、乳品贸易

我国奶制品进口减少。据海关总署统计，2022年，我国进口奶制品的品种主要有大包粉、包装牛奶、乳清及婴幼儿配方奶粉，分别占进口总量的32.2%、30.3%、18.8%和8.3%（图1-6）。从干奶制品品类来看，大包粉进口量降至103.7万吨，同比减少18.7%；进口奶酪14.6万吨，同比减少17.4%；进口婴幼儿配方奶粉26.6万吨，同比增长1.3%；进口奶油14.3万吨，同比增长9.1%；进口乳清60.6万吨，同比减少16.3%（图1-7）。同期，我国共计出口各类奶制品4.5万吨，同比减少1.2%，出口额1.98亿美元，同比下降35.4%。

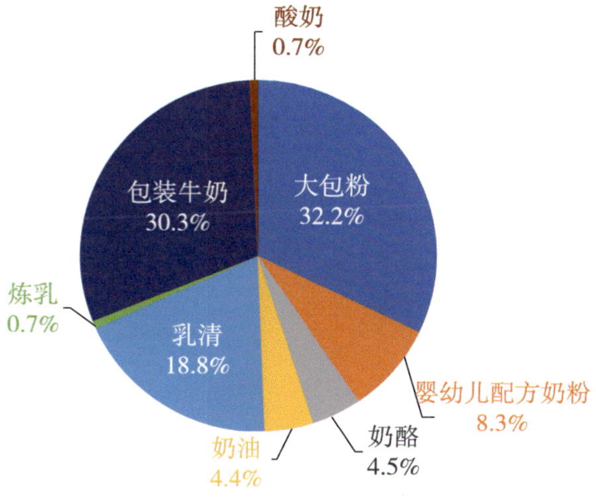

图1-6　2022年我国进口各类奶制品占比情况

（数据来源：中华人民共和国海关总署，2022）

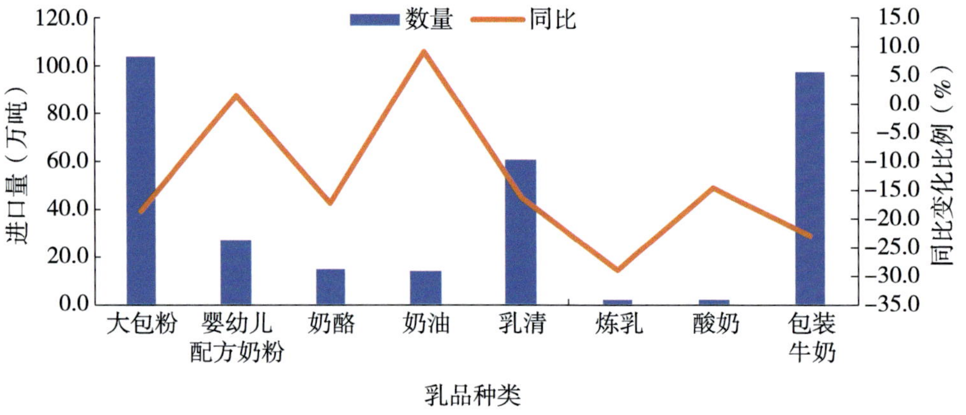

图1-7　2022年我国各类奶制品进口量和同比变化

（数据来源：中华人民共和国海关总署，2022）

第二章　国产奶质量安全情况

- 奶制品安全高于全国食品安全平均水平
- 国产婴幼儿配方奶粉继续保持高质量安全水平
- 国产奶质量安全水平与欧盟比较
- 后疫情时代下乳品消费

一、奶制品安全高于全国食品安全平均水平

根据国家市场监督管理总局数据，2022年市场监管系统完成食品安全监督抽检656.3万批次，合格记录数637.6万批次，不合格记录数18.8万批次，总体不合格比例2.9%。其中奶制品样品抽检97 322批次，不合格产品116批次，合格比例99.9%，不合格比例0.1%（表2-1）。奶制品合格率高于食品合格率平均水平，国产奶质量安全水平不断提升。

表2-1　2020—2022年国内食品安全比较

项　目	2020年		2021年		2022年	
	食品	奶制品	食品	奶制品	食品	奶制品
合格记录数（万）	638.7	8.9	676.7	10.0	637.6	9.7
不合格记录数（万）	14.8	0.01	18.7	0.01	18.8	0.01
不合格比例（%）	2.1	0.1	2.7	0.1	2.9	0.1

数据来源：国家市场监督管理总局。

二、国产婴幼儿配方奶粉继续保持高质量安全水平

近年来，市场监管总局组织开展奶制品质量提升行动，

按照“放管服”的要求，进一步完善奶制品监管的法律法规，推动中国奶制品的高质量发展。国家食品安全监督抽检结果显示，我国奶制品、婴幼儿配方奶粉合格率连续8年达到99.0%以上，违法添加物三聚氰胺连续13年抽检合格率100.0%。2022年共监督抽检婴幼儿配方奶粉10 415个批次，检出不合格样品12个批次，合格率为99.9%。

三、国产奶质量安全水平与欧盟比较

2022年，中国奶业乳蛋白、乳脂肪的抽检平均值分别为3.3%、3.7%，达到发达国家水平；菌落总数、体细胞抽检平均值分别为14.7万CFU/mL、23.4万个/mL，优于美国标准；婴幼儿配方奶粉中三聚氰胺等违禁添加物抽检合格率继续保持100.0%。生鲜乳、奶制品抽检合格率均达到99.9%以上，而食品行业的整体合格率为97.1%，乳品安全位居整个食品行业前列。据欧盟食品与饲料快速预警系统（RASFF）统计数据，2022年欧盟食品不合格通报3 766起，其中奶产品相关93起，占2.5%。同年，中国奶制品抽检不合格率为0.1%，婴幼儿配方奶粉不合格率为0.02%，整体优于欧盟水平。

四、后疫情时代下乳品消费

后疫情时代，在消费者偏好及零售市场都不断变化发展的大背景下，乳品行业面临新的挑战和机遇。根据尼尔森调研数据，受新冠病毒疫情影响，2022年整个快消市场全渠道的增速在波动中持续放缓，乳品以54%的消费占比位居第二，可见新冠病毒疫情使消费者对健康和免疫力的关注增强，为乳品行业的增长注入了动力。其中，中高端、高端乳品销售额同比不断上涨，2022年上半年中高端、高端低温鲜奶销售额同比分别增长0.2%、4.5%，高端白奶销售额同比涨幅达17.5%。而中端、基础乳品销售额则持续萎缩，中端低温鲜奶、基础低温鲜奶、中端白奶销售额同比各降低9.3%、0.6%、3.0%。

2022年奶商指数报告显示：中国奶商指数为63.2分，比2021年略有提高，五年来奶商指数涨幅约4.3%，说明消费者喝奶知识逐渐丰富，喝奶行为也逐步改善。在全球通货膨胀带来的经济压力下，消费者也变得更加理智。根据尼尔森调研数据，2022年消费者倾向于利用线上渠道去寻找更加经济实惠的选择，更多地选择自己熟悉品牌的大包装产品，同时关注产品的核心价值，如蛋白质含量、钙含量的高低以及是否纯天然无添加，对非核心功能的要求有所缩减。相比于2021年，有机、高蛋白和纯天然这些与乳成分相关的核心因素成为消费者购买低鲜产品时愿意支付溢价的前三大因素。

第三章 国产奶与进口奶质量安全水平比较

- 国产奶与进口奶安全水平比较
- 国产奶质量水平比较

农业农村部奶产品质量安全风险评估实验室（北京）延续从2013年开始的我国大中城市液态奶销售情况开展调研、检测和验证，2022年继续系统开展了我国市售国产与进口液态奶及婴幼儿配方奶粉质量安全比较研究。这些研究得到了国家奶产品质量安全风险评估重大专项和国家奶业科技创新联盟等的支持，也得到了社会各界的普遍认可。2022年的风险评估研究结果表明，我国奶制品安全风险完全处于受控范围，整体情况较好，质量水平明显高于进口液态奶制品。

一、国产奶与进口奶安全水平比较

（一）国产巴氏杀菌奶与进口巴氏杀菌奶安全指标比较

1.黄曲霉毒素M_1

黄曲霉毒素M_1（Aflatoxin M_1，AFM_1）主要存在于奶中，是一种剧毒物质，具有较强的致病性。它的致病性主要包括毒性和致癌性两方面。国际癌症研究机构将AFM_1定为1类致癌物。AFM_1性质稳定，常见的牛奶加工方式无法破坏其结构，因此各国对奶及奶制品中AFM_1限量的要求非常严格。

农业农村部奶产品质量安全风险评估实验室（北京）从2015年起开展了国产巴氏杀菌奶与进口巴氏杀菌奶中AFM_1的风险评估研究，连续8年研究结果表明，国产品牌与进口品牌AFM_1的含量均未超过我国和美国0.50μg/kg及欧盟0.05μg/kg的限量标准。

2.兽药残留

奶牛饲养过程中，不合理使用治疗药物和饲料药物添加剂可能导致生鲜乳中存在兽药残留现象。兽药是指用药后蓄积或存留于畜禽机体或产品（如鸡蛋、奶品、肉品等）中的原型药物或其代谢产物，包括与兽药有关的杂质残留。牛奶中的兽药残留主要来自奶牛疾病预防和治疗过程中所使用的药物。中国于2019年颁布实施的《食品安全国家标准　食品中兽药最大残留限量》（GB 31650—2019）对奶中兽药残留进行了规定。

农业农村部奶产品质量安全风险评估实验室（北京）从2015年起开展了国产巴氏杀菌奶与进口巴氏杀菌奶中兽药残留风险评估研究，结果表明，国产品牌与进口品牌均不存在使用违禁兽药或超限量标准的情况。其中2022年开展了八大类61种兽药残留状况的风险评估，未出现超标及违禁药物滥用现象。

3.重金属铅

乳中重金属污染，主要是铅、铬、汞、砷等具有明显生物毒性的重金属，进入人体后较难排出，在累积效应下，会导致人体发生慢性中毒，甚至导致严重病变。

农业农村部奶产品质量安全风险评估实验室（北京）从2015年起开展了国产巴氏杀菌奶与进口巴氏杀菌奶中重金属铅的风险评估研究，结果表明，国产品牌与进口品牌重金属铅含量均低于我国限量标准。

（二）国产UHT奶与进口UHT奶安全指标比较

1.黄曲霉毒素M_1

农业农村部奶产品质量安全风险评估实验室（北京）从2013年起开展了国产UHT奶与进口UHT奶中AFM_1的风险评估研究，连续10年研究结果表明，国产品牌与进口品牌AFM_1的含量均未超过我国和美国0.50μg/kg及欧盟0.05μg/kg

的限量标准。

2.兽药残留

农业农村部奶产品质量安全风险评估实验室（北京）从2015年起连续开展了国产UHT奶与进口UHT奶中兽药残留风险评估研究，结果表明，国产品牌与进口品牌均不存在使用违禁兽药或兽药残留超标的情况。

3.重金属铅

农业农村部奶产品质量安全风险评估实验室（北京）从2015年起开展了国产UHT奶与进口UHT奶中重金属铅的风险评估研究，结果表明，国产品牌与进口品牌UHT奶重金属铅含量均低于我国限量标准。

（三）国产婴幼儿配方奶粉与进口婴幼儿配方奶粉安全指标比较

1.黄曲霉毒素M_1

农业农村部奶产品质量安全风险评估实验室（北京）从2020年起开展了国产与进口婴幼儿配方奶粉中AFM_1风险评估研究，连续3年研究结果表明，国产与进口婴幼儿配方奶粉中均未检出AFM_1。其中，2022年国产及进口的34款产品中，1段产品均符合《食品安全国家标准　婴儿配方食品》（GB 10765—2010）规定，2段与3段产品均符合《食品安全国家标准　较大婴儿和幼儿配方食品》（GB 10767—2010）规定。

2.农药残留

农药残留是指任何由于使用农药而在食品、农产品和动物饲料中出现的特定物质，包括被认为具有毒理学意义的农药衍生物，如农药转化物、代谢物、反应产物及杂质。牛奶中的农药残留主要来源于：动物食用含有农药残留的植物或饲料后通过食物链在体内蓄积；为驱杀害虫或防止病害直接用于奶牛的农药残留。在食物营养链中奶类处于较高级，所以其含有的农药残留量相对较高。国内外毒理学专家经过大量的试验研究证明，牛奶中农药残留污染对人体健康的危害属于长时期、微剂量、慢性细微毒性效应。因此，奶及奶制品中农药残留的检测也备受各国的重视。

农业农村部奶产品质量安全风险评估实验室（北京）从2020年起开展了国产与进口婴幼儿配方奶粉中农药残留风险评估研究，连续3年研究结果表明，国产与进口婴幼儿配方奶粉中均未检出农药残留。其中，2022年对国产及进口的34款产品开展80项农药残留检测，结果均为未检出农药残留。

3.兽药残留

农业农村部奶产品质量安全风险评估实验室（北京）从2020年起开展了国产与进口婴幼儿配方奶粉中61项抗菌药物残留评估研究，连续3年研究结果表明，国产与进口婴幼儿配方奶粉中未检出抗菌药物残留。

4.重金属

农业农村部奶产品质量安全风险评估实验室（北京）从2020年起开展了国产与进口婴幼儿配方奶粉中重金属（铅、铬、汞、砷）含量评估研究，连续3年研究结果表明，国产品牌与进口品牌中重金属（铅、铬、汞、砷）含量远低于《食品安全国家标准　食品中污染物限量》（GB 2762—2017）中限量要求。

（四）小结

针对液态奶开展的2015—2022年连续8年的评价结果表明：国产液态奶与进口液态奶中AFM_1、兽药残留和重金属铅等主要安全因子无显著差异，均符合我国食品安全国家标准，并达到欧美安全限量标准。

针对婴幼儿配方奶粉开展的评价结果表明：国产与进口婴幼儿配方奶粉中AFM_1、农药残留、兽药残留、重金属等主要安全因子无显著差异，均符合我国食品安全国家标准。

二、国产奶质量水平比较

（一）国产巴氏杀菌奶与进口巴氏杀菌奶质量指标比较

1.国产巴氏杀菌奶与进口巴氏杀菌奶营养品质指标比较

（1）乳铁蛋白

乳铁蛋白（Lactoferrin，LF）是乳汁中一种重要的铁结合糖蛋白，属于转铁蛋白家族，其分子量为80kDa，主要由乳腺上皮细胞表达和分泌。乳铁蛋白存在于大多数哺乳动物的初乳、乳汁中（牛初乳中含量为1～2mg/mL，牛常乳中含量为0.1～0.4mg/mL）。牛乳铁蛋白与人乳铁蛋白的氨基酸序列同源性可达70%。乳铁蛋白被认为是一种重要的宿主防御分子，并具有其他多种生物学活性功能，如抗氧化、抗炎、抗癌和免疫调节等功能。

农业农村部奶产品质量安全风险评估实验室（北京）从2017年起开展了国产巴氏杀菌奶与进口巴氏杀菌奶中乳铁蛋白评估研究。2020—2022年，国产品牌乳铁蛋白含量平均值从34.9mg/L上升至41.3mg/L，而进口品牌乳铁蛋白含量平均值从7.6mg/L上升至8.0mg/L（图3-1）。国产品牌的乳铁蛋白含量平均值均显著高于进口品牌的乳铁蛋白含量平均值（P<0.05）。

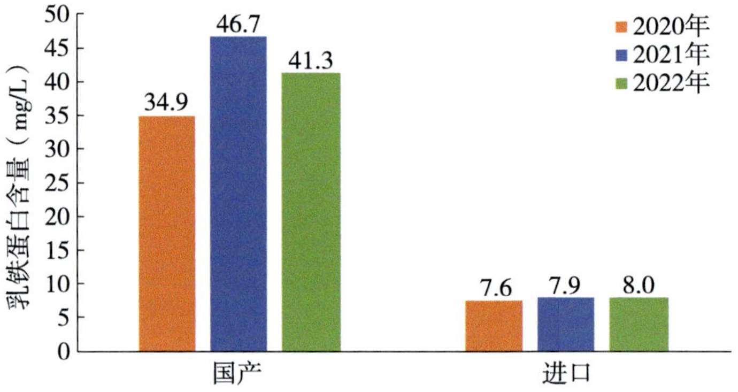

图3-1　国产与进口巴氏杀菌奶乳铁蛋白含量比较

（2）β-乳球蛋白

β-乳球蛋白（β-lactoglobulin）是乳清蛋白主要成分之一，占总蛋白质含量的12%左右，占乳清蛋白含量的50%左右。β-乳球蛋白的水解物或分子修饰物可通过体内或体外酶解蛋白释放，在人体健康中发挥重要作用，具有抗高血压、低胆固醇血症、抗氧化和抗菌活性，是牛奶中的重要活性因子。

农业农村部奶产品质量安全风险评估实验室（北京）从2016年起开展了国产巴氏杀菌奶与进口巴氏杀菌奶中β-乳球蛋白评估研究。2020—2022年，国产品牌β-乳球蛋白含量持续提升，平均值从2 509mg/L上升至3 305mg/L，而进口品牌β-乳球蛋白含量平均值从158mg/L上升至556mg/L（图3-2）。国产品牌的β-乳球蛋白含量平均值均显著高于进口品牌的β-乳球蛋白含量平均值（$P<0.05$）。

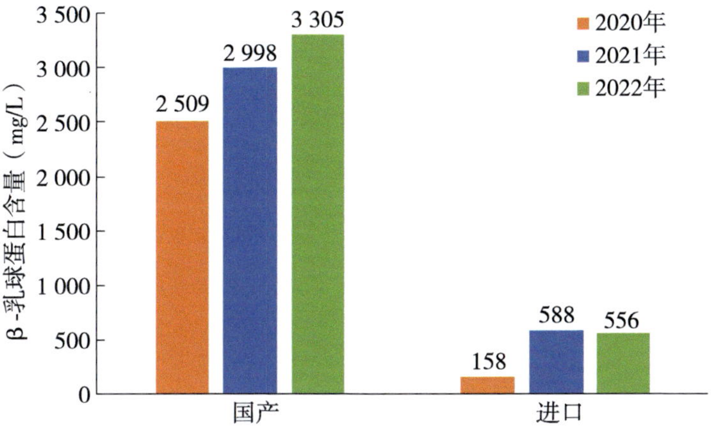

图3-2　国产与进口巴氏杀菌奶β-乳球蛋白含量比较

（3）α-乳白蛋白

α-乳白蛋白（α-Lactalbumin）是乳清蛋白中最优质的蛋白质，占乳清蛋白含量的27%，具有调节产乳、细胞溶解活性，诱导细胞生长抑制和细胞凋亡等多种功能，并在诱导睡眠、食欲、情绪和感官知觉中起着重要作用。

农业农村部奶产品质量安全风险评估实验室（北京）从2020年起开展了国产巴氏杀菌奶与进口巴氏杀菌奶中α-乳白蛋白评估研究。2020—2022年，国产品牌α-乳白蛋白含量平均值从964.1mg/L上升至1 151.6mg/L，进口品牌α-乳白蛋白含量平均值从449.6mg/L上升至563.2mg/L（图3-3）。国产品牌α-乳白蛋白含量平均值显著高于进口品牌α-乳白蛋白含量平均值（$P<0.05$）。

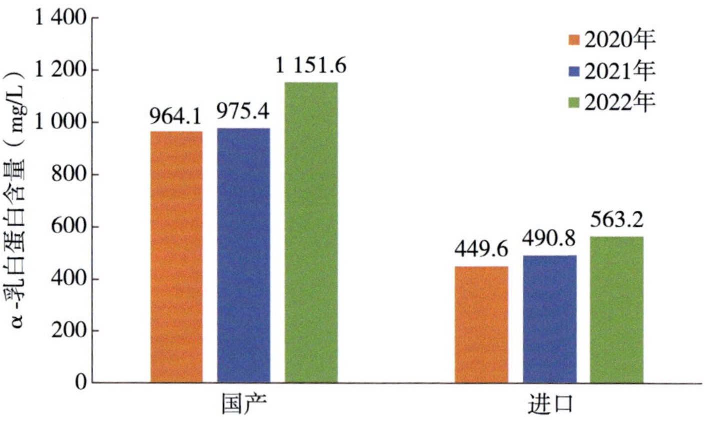

图3-3　国产与进口巴氏杀菌奶α-乳白蛋白含量比较

2.国产巴氏杀菌奶与进口巴氏杀菌奶热伤害指标比较

（1）糠氨酸

国际上，糠氨酸（Furosine）含量是反映牛奶热加工程度的一个敏感指标。糠氨酸含量过高，表明牛奶的受热程度高、保存时间长或者运输距离远。生乳中糠氨酸含量微乎其微，为2～5 mg/100g蛋白质，且含量不受奶牛品种和饲养环境变化影响。但是经过热加工后，奶制品中糠氨酸含量升高，其原因是乳中蛋白质的氨基在受热条件下，与乳糖的羰基发生了美拉德反应，生成糠氨酸。糠氨酸的含量主要与奶制品的加工工艺相关，反映了奶制品中赖氨酸的破坏程度，是奶制品中早期美拉德反应的特异性标示物，可指示奶制品热处理的强度。在牛奶中，糠氨酸经常作为评估奶营养物质热损伤程度的指标，糠氨酸的生成量与牛奶中活性营养成分含量呈负相关。糠氨酸还可以作为检测巴氏杀菌奶和UHT奶中是否添加复原乳的重要指标，因此，通过检测奶制品中的糠氨酸含量可以推测其热加工强度范围。

农业农村部奶产品质量安全风险评估实验室（北京）从2015年起开展了国产巴氏杀菌奶与进口巴氏杀菌奶中糠氨酸的风险评估研究，结果表明国产品牌糠氨酸含量平均值均显著低于进口品牌糠氨酸含量平均值（$P<0.05$）。2020—2022年，国产品牌糠氨酸含量平均值从17.4mg/100g蛋白质下降至12.3mg/100g蛋白质，而进口品牌糠氨酸含量平均值从50.8mg/100g蛋白质下降至50.3mg/100g蛋白质（图3-4）。

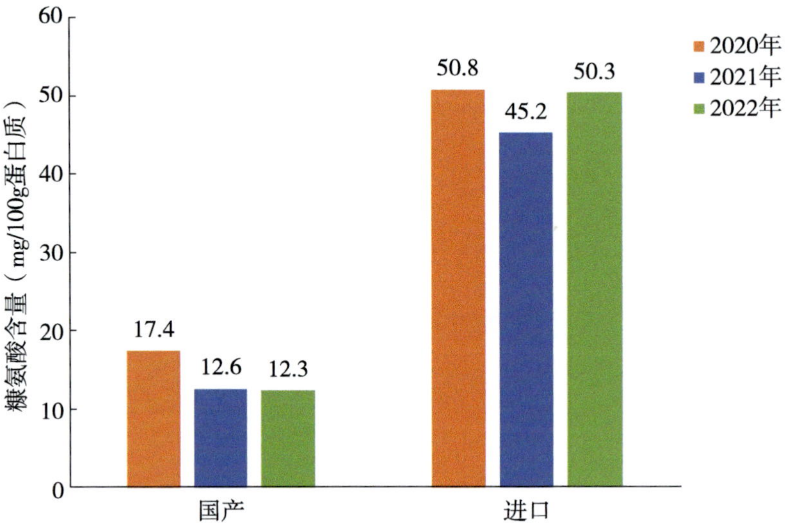

图3-4　国产与进口巴氏杀菌奶糖氨酸含量比较

（2）乳果糖

乳果糖是由乳糖因热处理而异构化形成的，用于评估牛奶热处理的严重程度，其浓度可以区分不同热处理（如巴氏杀菌和UHT等），并区分直接加工和间接加工的奶制品。农业农村部奶产品质量安全风险评估实验室（北京）从2020年起开展了国产巴氏杀菌奶与进口巴氏杀菌奶中乳果糖评估研究。2020—2022年，国产品牌与进口品牌乳果糖含量均呈下降趋势。国产品牌乳果糖含量平均值从55.6mg/L下降至37.2mg/L，进口品牌乳果糖含量平均值从90.2mg/L下降至76.5mg/L（图3-5）。

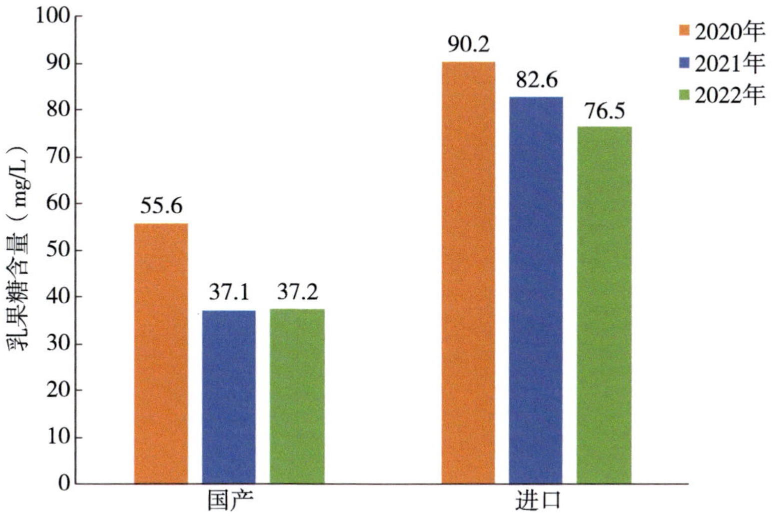

图3-5　国产与进口巴氏杀菌奶乳果糖含量比较

（二）国产UHT奶与进口UHT奶质量指标比较

1.国产UHT奶与进口UHT奶营养品质指标比较

（1）β-乳球蛋白

农业农村部奶产品质量安全风险评估实验室（北京）从2016年起开展了国产UHT奶与进口UHT奶中β-乳球蛋白评估研究。2020—2022年，国产品牌β-乳球蛋白含量提升，平均值从159.9mg/L上升至185.9mg/L，而进口品牌β-乳球蛋白含量平均值从59.2mg/L上升至62.4mg/L（图3-6）。国产品牌β-乳球蛋白含量平均值均显著高于进口品牌β-乳球蛋白含量平均值（$P<0.05$）。

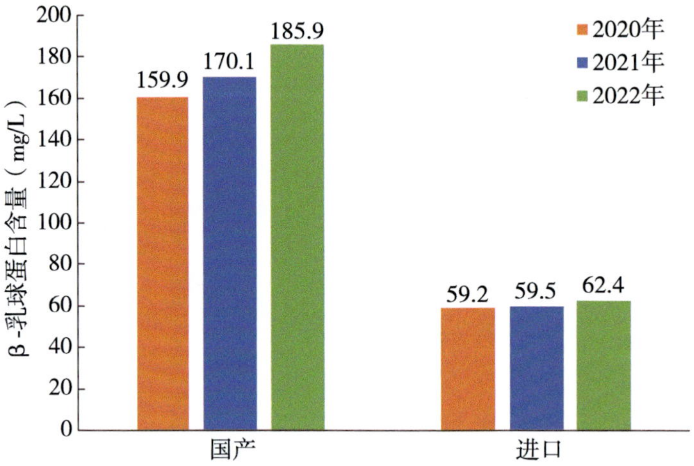

图3-6　国产与进口UHT奶β-乳球蛋白含量比较

（2）α-乳白蛋白

农业农村部奶产品质量安全风险评估实验室（北京）2022年开展了国产UHT奶与进口UHT奶中α-乳白蛋白评估研究。2022年，国产品牌α-乳白蛋白含量平均值为299.1mg/L，而进口品牌α-乳白蛋白含量平均值为151.1mg/L（图3-7）。

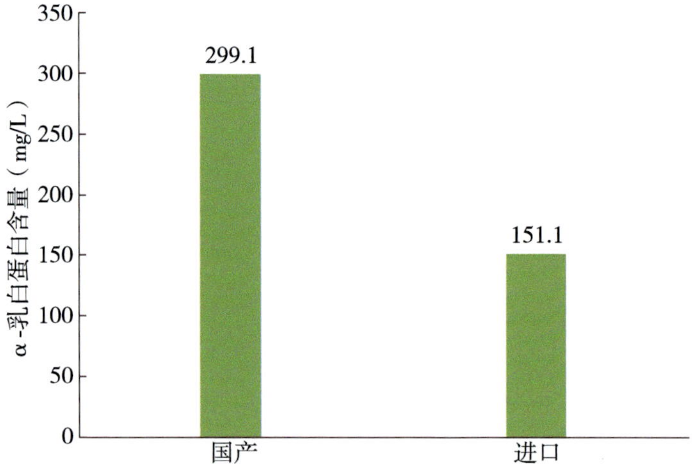

图3-7　国产与进口UHT奶α-乳白蛋白含量比较

2.国产UHT奶与进口UHT奶热伤害指标比较

（1）糠氨酸

农业农村部奶产品质量安全风险评估实验室（北京）从2015年起开展了国产UHT奶与进口UHT奶中糠氨酸的风险评估研究，连续8年研究结果表明，国产品牌的糠氨酸平均值均显著低于进口品牌的糠氨酸含量平均值（$P<0.05$）。2020—2022年，国产品牌糠氨酸含量平均值从127.8mg/100g蛋白质下降至122.5mg/100g蛋白质，进口品牌糠氨酸含量平均值亦呈下降趋势，从221.3mg/100g蛋白质下降至170.7mg/100g蛋白质（图3-8），均低于国际超高温瞬时灭菌乳的糠氨酸含量推荐标准250mg/100g蛋白质。

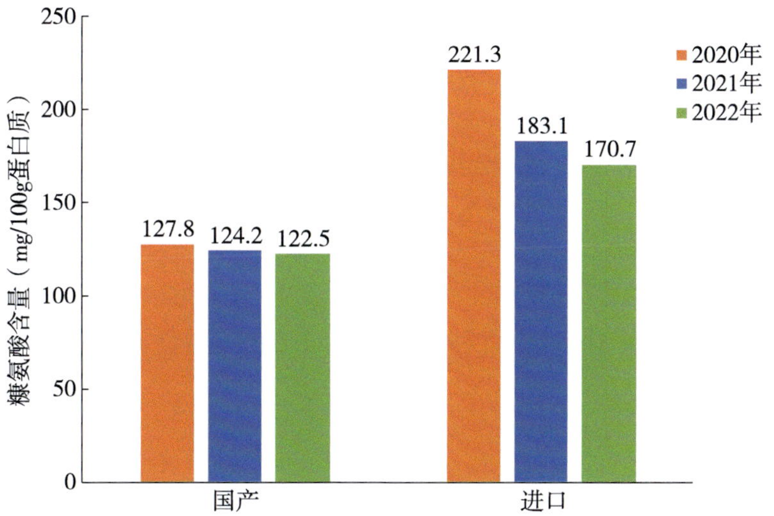

图3-8　国产与进口UHT奶糠氨酸含量比较

（2）乳果糖

农业农村部奶产品质量安全风险评估实验室（北京）从2020年起开展了国产UHT奶与进口UHT奶中乳果糖评估研究。2020—2022年，国产品牌乳果糖含量平均值从441.8mg/L下降至409.9mg/L，而进口品牌乳果糖含量平均值从474.8mg/L下降至460.7mg/L（图3-9）。

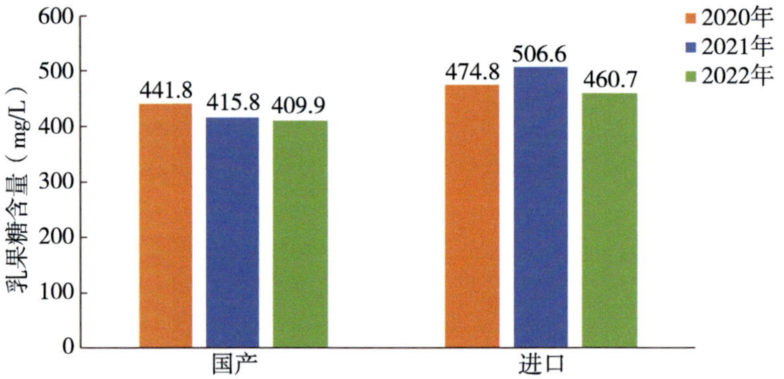

图3-9　国产与进口UHT奶乳果糖含量比较

（三）国产婴幼儿配方奶粉与进口婴幼儿配方奶粉质量指标比较

1.国产婴幼儿配方奶粉与进口婴幼儿配方奶粉营养品质指标比较

（1）脂肪

婴幼儿配方奶粉中的脂肪不仅是婴幼儿膳食能量的重要

来源，而且可以延缓婴幼儿胃肠的排空时间，提供必需脂肪酸且有助于脂溶性维生素的吸收。因为牛羊乳的脂肪酸组成和人乳的差异较大，婴幼儿配方奶粉通过添加不同种类植物油来调整脂肪酸的组成使其更接近人乳。

2022年，国产婴幼儿配方奶粉20款中脂肪含量平均值为23.1%，与2020年和2021年无显著差异（$P>0.05$）；进口婴幼儿配方奶粉12款中脂肪含量平均值为20.2%，略低于2020年和2021年（图3-10）。

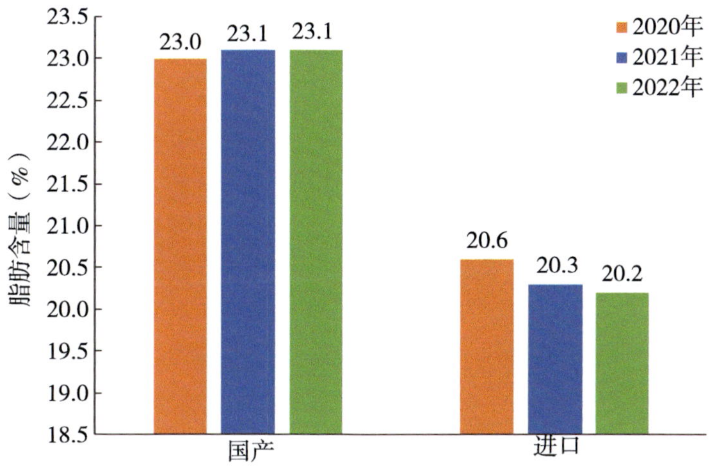

图3-10　国产与进口婴幼儿配方奶粉脂肪含量比较

（2）蛋白质

蛋白质是婴幼儿配方奶粉中的必需营养素之一，是所有生命细胞极其重要的结构成分和活性物质。摄入足量的蛋白质也是生成抗体所必需的，抗体是保护人体免受疾病感染的物质。如果婴儿饮食中缺乏蛋白质，则无法维持正常、健康的生长速率，严重可导致生长迟缓。

2022年，20款国产婴幼儿配方奶粉中蛋白质含量平均值为15.0%，略低于2020年和2021年；进口婴幼儿配方奶粉12款中蛋白质含量平均值仍低于国产婴幼儿配方奶粉，为14.5%（图3–11）。

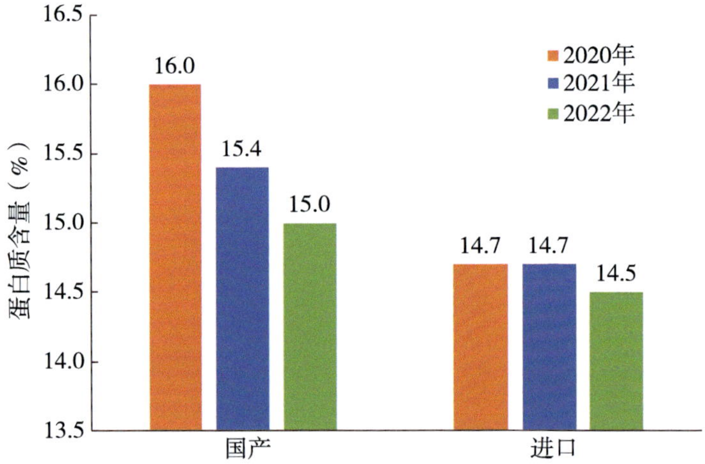

图3–11　国产与进口婴幼儿配方奶粉蛋白质含量比较

（3）α-乳白蛋白

2022年，20款国产婴幼儿配方奶粉中α-乳白蛋白含量平均值为7 140.5mg/kg，显著高于进口婴幼儿配方奶粉12款中α-乳白蛋白含量平均值（4 726.4mg/kg，P<0.05）（图3–12）。

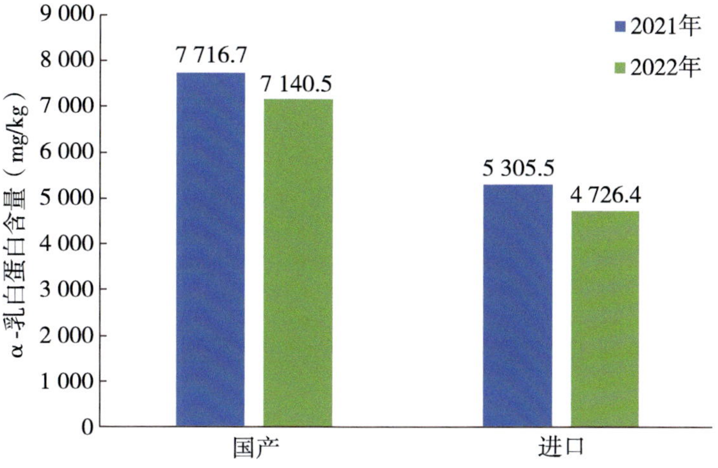

图3-12　国产与进口婴幼儿配方奶粉α-乳白蛋白含量比较

（4）β-乳球蛋白

2022年，国产婴幼儿配方奶粉20款中β-乳球蛋白含量平均值为13 162.1mg/kg，进口婴幼儿配方奶粉12款中β-乳球蛋白含量平均值略高于国产，为13 528.9mg/kg（P>0.05）（图3-13）。

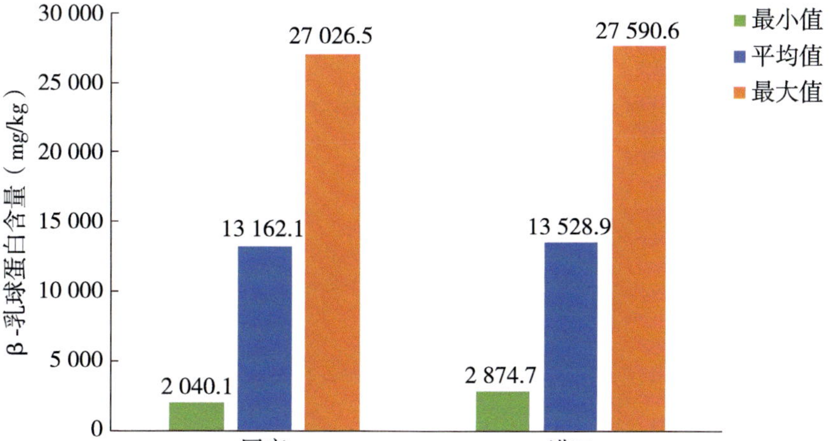

图3-13　国产与进口婴幼儿配方奶粉β-乳球蛋白含量比较

2.国产婴幼儿配方奶粉与进口婴幼儿配方奶粉热伤害指标比较

（1）糠氨酸

2022年，20款国产婴幼儿配方奶粉中糠氨酸含量平均值为509.9mg/100g蛋白质，进口婴幼儿配方奶粉12款中糠氨酸含量平均值为601.8mg/100g蛋白质，均低于2020年和2021年（图3–14）。

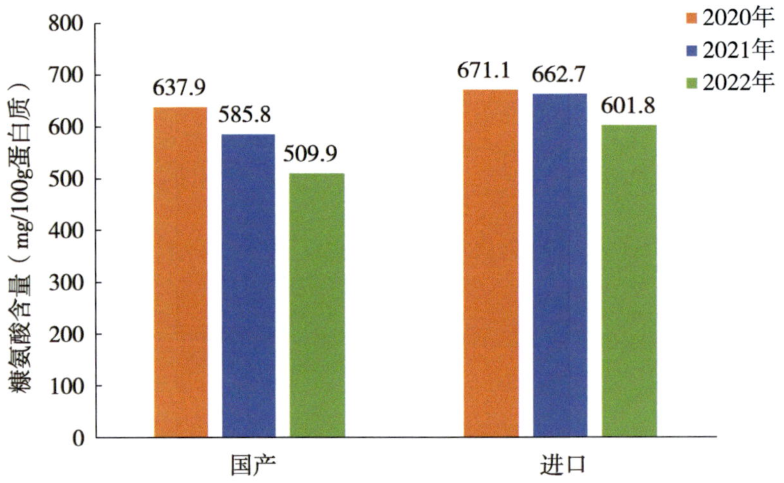

图3–14　国产与进口婴幼儿配方奶粉糠氨酸含量比较

（2）乳果糖

2022年，20款国产婴幼儿配方奶粉中乳果糖含量平均值为870.7mg/kg，低于2020年和2021年；进口婴幼儿配方奶粉12款中乳果糖含量平均值显著高于国产，为1 669.6mg/kg（P<0.05）（图3–15）。

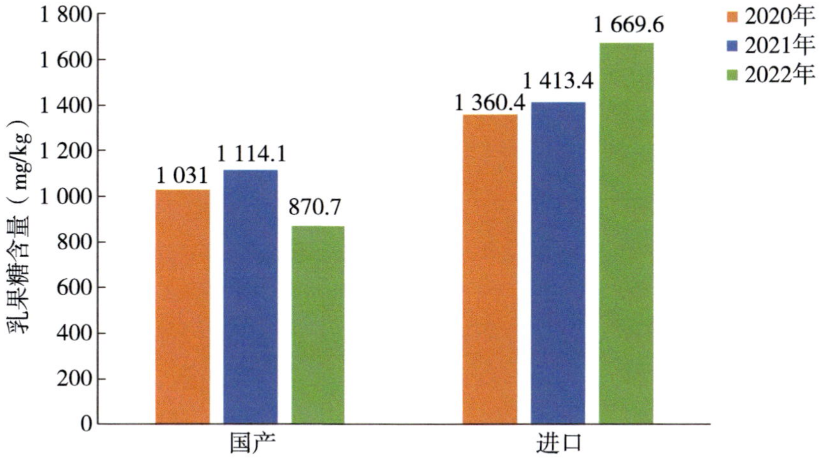

图3-15　国产与进口婴幼儿配方奶粉乳果糖含量比较

（四）小结

针对液态奶开展的2015—2022年连续8年的评价结果表明：进口液态奶的糠氨酸含量显著高于国产液态奶，而乳铁蛋白和β-乳球蛋白含量则显著低于国产液态奶。由此可见，进口液态奶制品存在过度加热或长期贮存的情况，造成其中乳铁蛋白等生物活性物质损失严重。

针对婴幼儿配方奶粉开展的2020—2022年连续3年的评价结果表明：国产和进口婴幼儿配方奶粉都安全，进口婴幼儿配方奶粉的糠氨酸含量和乳果糖含量高于国产产品，而脂肪、蛋白质和α-乳白蛋白含量则低于国产产品。由此可见，国产婴幼儿配方奶粉更加营养、更加新鲜。

第四章　中国优质乳工程

- 优质乳工程企业总体介绍
- 优质乳工程产品抽检与复评审情况
- 优质乳产品质量评价
- 优质牧场原料奶质量评价
- 优质乳工程大事记

2022年亮点工作
婴幼儿配方乳粉新鲜度标准发布

婴幼儿配方乳粉与母乳，同是婴幼儿的第一口粮，婴幼儿配方乳粉的品质，直接影响下一代人的健康成长。我国是全球最大的婴幼儿配方乳粉消费市场，无论是国产乳粉，还是进口乳粉，品质差异极大，良莠不齐。

新鲜，是所有食物高品质的基础，一个不新鲜的食物，根本谈不上高品质。影响婴幼儿配方乳粉新鲜程度的主要因子包括原料状况、加工工艺、贮存时间、贮存环境等，其本质上都是受热的程度与时间。

奶业创新团队从2005年开始系统研究了数十种热敏因子的变化规律，构建乳中热敏因子数据库，筛选出糠氨酸，α-乳白蛋白、β-乳球蛋白可作为评价婴幼儿配方乳粉新鲜度的指标。通过合理设定糠氨酸、α-乳白蛋白、β-乳球蛋白指标的权重，构建得到新鲜度计算公式，新鲜度最高值100为最优新鲜度产品。随着该值的下降，产品新鲜度下降。**新鲜度能够区分婴幼儿配方乳粉使用原料是复原乳还是生鲜乳，能够区分加工工艺是过热加工还是绿色加工，能够区分贮藏时间和贮藏温度是否合理。**

TB

团　体　标　准

T/TDSTIA 027—2022

婴幼儿配方乳粉新鲜度

Fresh degree of milk-based infant formula

2022-11-21 发布　　2022-12-20 实施

天津市奶业科技创新协会　发布

《婴幼儿配方乳粉新鲜度》团体标准，攻克了婴幼儿配方乳粉新鲜度评价的重大科学难题，可用作评价婴幼儿配方乳粉的品质，引导产业高质量发展，推动市场竞争公平，保障消费者知情权透明，并为全面提升中国婴幼儿配方乳粉核心竞争力提供了重要的技术支撑，并将引领国际婴幼儿配方乳粉发展的新方向！

一、优质乳工程企业总体介绍

2016年至今，申请加入实施优质乳工程企业共66家，分布在全国25个省（区、市）。截至2022年底，已通过国家奶业科技创新联盟优质乳工程验收的企业共40家，其中2016年验收3家企业，2017年新增验收11家企业，2018年新增验收14家企业，2019年新增验收1家企业，2020年新增验收1家企业，2021年新增验收5家企业，2022年新增验收5家企业。另外，尚有26家企业正在实施优质乳工程（图4-1、图4-2）。

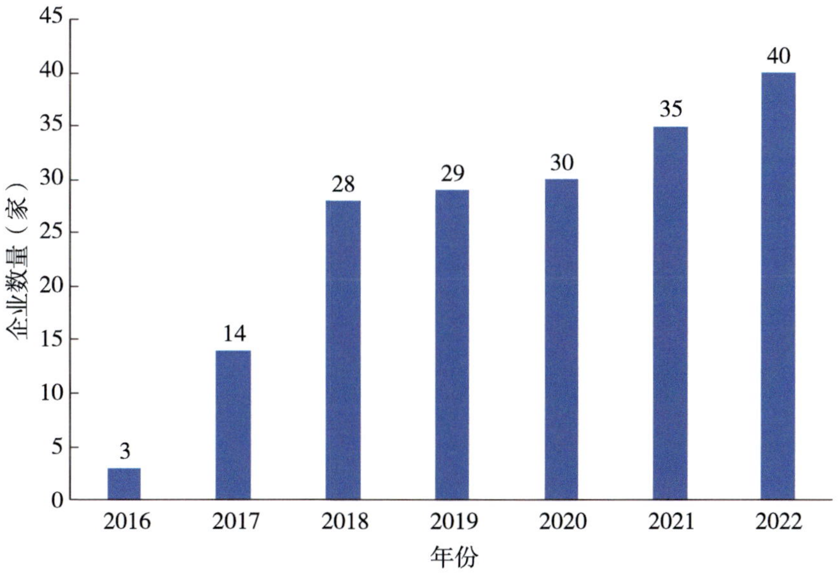

图4-1　通过优质乳工程验收企业数量逐年变化情况

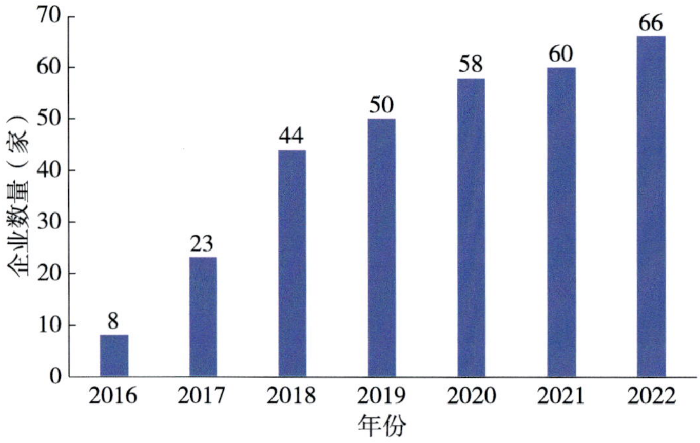

图4-2　申请加入实施优质乳工程企业数量逐年变化情况

二、优质乳工程产品抽检与复评审情况

2022年度共有35家通过优质乳工程验收的企业参加了抽检与复评审。

2022年度抽检35家共计80款通过优质乳工程验收的巴氏杀菌奶产品，参加抽检的80款优质乳产品各项指标符合《优质巴氏杀菌乳》（T/TDSTIA 004—2019）的规定：糠氨酸≤12mg/100g蛋白质，乳铁蛋白≥25mg/L，β-乳球蛋白≥2 200mg/L。结果如下：

糠氨酸含量最大值11.8mg/100g蛋白质，最小值

5.4mg/100g蛋白质，平均值7.4mg/100g蛋白质（图4-3）。

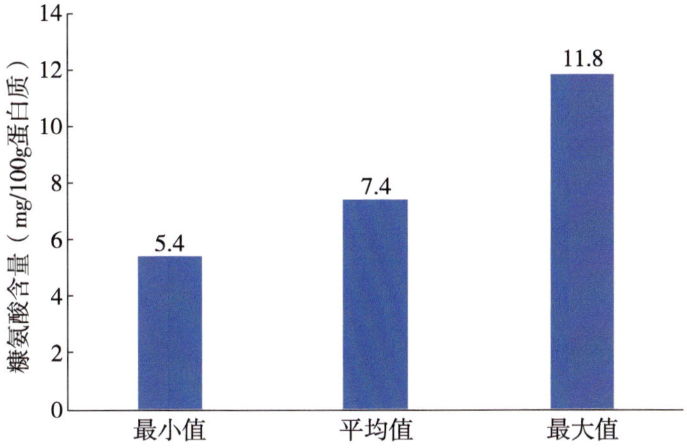

图4-3　2022年优质乳工程糠氨酸抽检结果

乳铁蛋白含量最大值112.0mg/L，最小值25.1mg/L，平均值42.6mg/L（图4-4）。

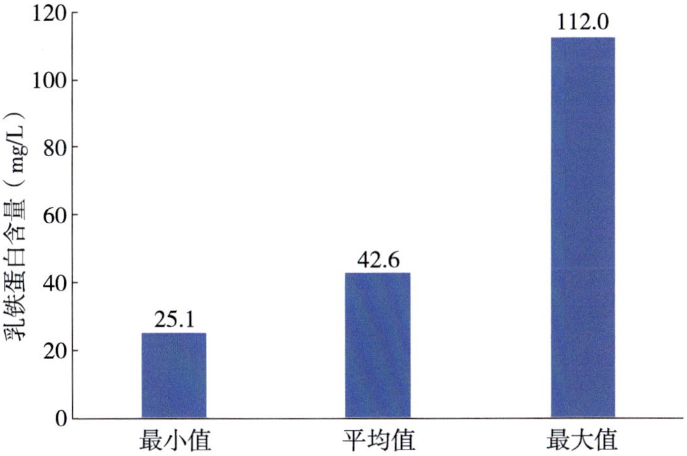

图4-4　2022年优质乳工程乳铁蛋白抽检结果

β-乳球蛋白含量最大值6 589.5mg/L，最小值2 346.5mg/L，

平均值3 377.2mg/L（图4–5）。

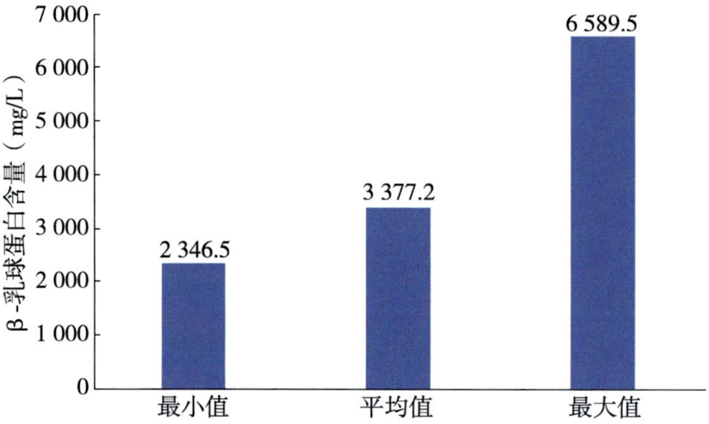

图4–5　2022年优质乳工程β-乳球蛋白抽检结果

2022年度对10家共计38款通过优质乳工程验收的巴氏杀菌奶产品开展了复评审验证，参加复评审验证的38款优质乳工程产品各项指标符合《优质巴氏杀菌乳》（T/TDSTIA 004—2019）的规定：糠氨酸≤12mg/100g蛋白质，乳铁蛋白≥25mg/L，β-乳球蛋白≥2 200mg/L。结果如下：

糠氨酸含量最大值9.4mg/100g蛋白质，最小值6.2mg/100g蛋白质，平均值7.6mg/100g蛋白质（图4–6）。

乳铁蛋白含量最大值95.5mg/L，最小值25.7mg/L，平均值41.9mg/L（图4–7）。

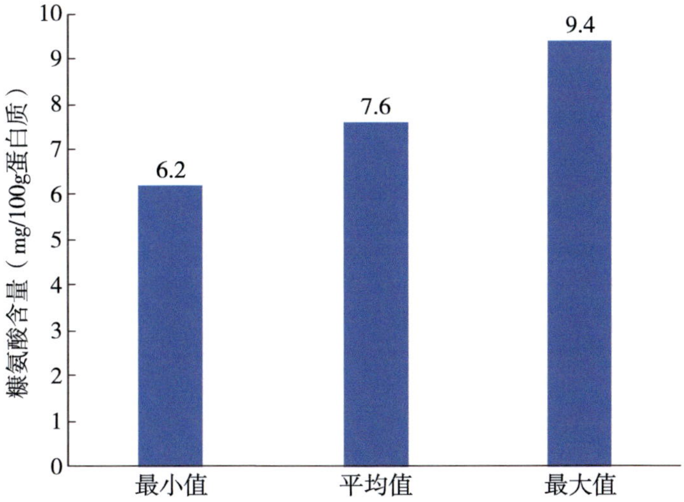

图4-6　2022年优质乳工程糠氨酸复评审验证结果

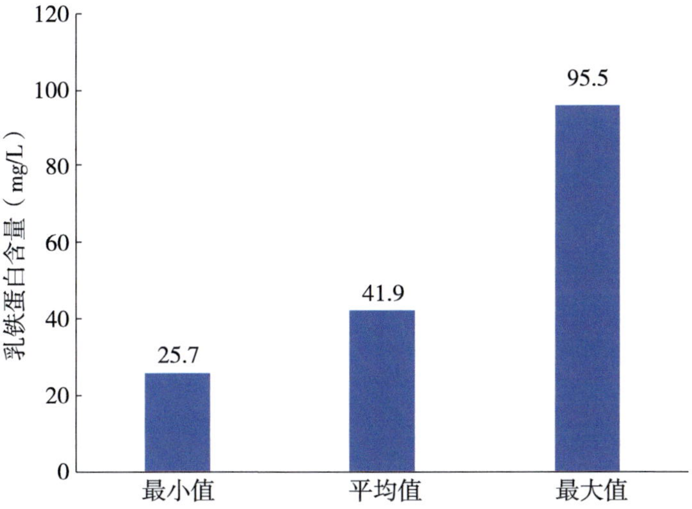

图4-7　2022年优质乳工程乳铁蛋白复评审验证结果

β-乳球蛋白含量最大值4 455.0mg/L，最小值2 346.5mg/L，平均值3 377.6mg/L（图4-8）。

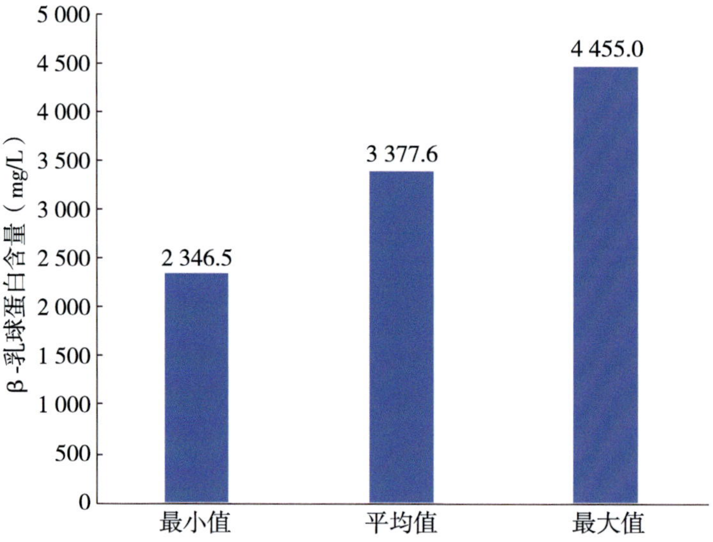

图4-8　2022年优质乳工程β-乳球蛋白复评审验证结果

三、优质乳产品质量评价

2022年度优质乳工程开展验收、抽检与复评审产品共计248批次样品，各项指标符合《优质巴氏杀菌乳》（T/TDSTIA 004—2019）的规定：糠氨酸≤12mg/100g蛋白质，乳铁蛋白≥25mg/L，β-乳球蛋白≥2 200mg/L。

与进口巴氏杀菌奶进行比较，发现国产优质巴氏杀菌奶糠氨酸含量显著低于进口巴氏杀菌奶，而乳铁蛋白和β-乳球蛋白则显著高于进口巴氏杀菌奶（图4-9至图4-11）。

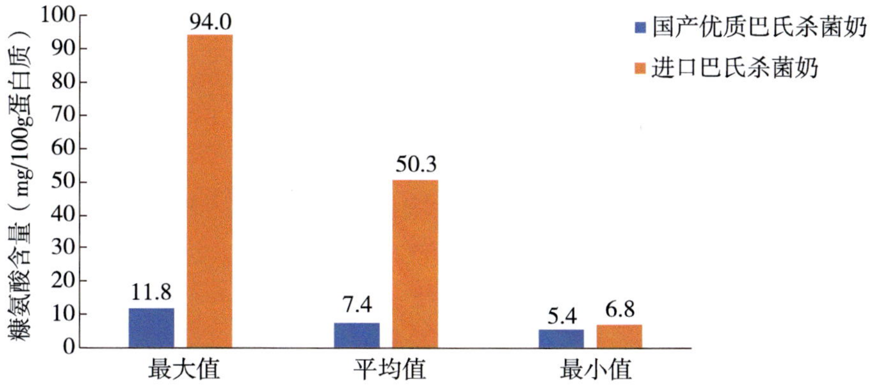

图4-9　2022年国产优质巴氏杀菌奶与进口巴氏杀菌奶糠氨酸分析结果

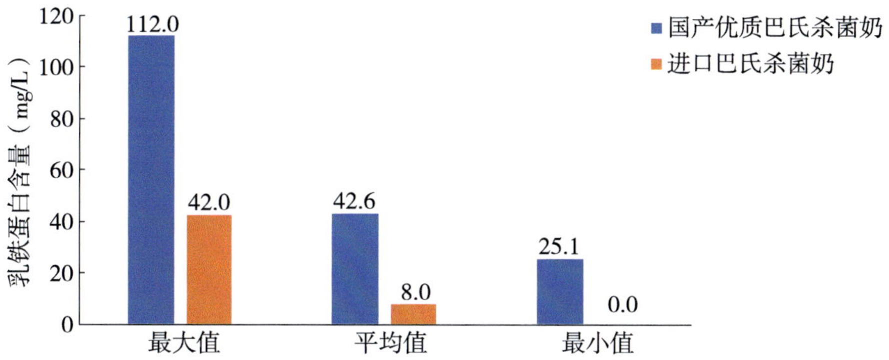

图4-10　2022年国产优质巴氏杀菌奶与进口巴氏杀菌奶乳铁蛋白分析结果

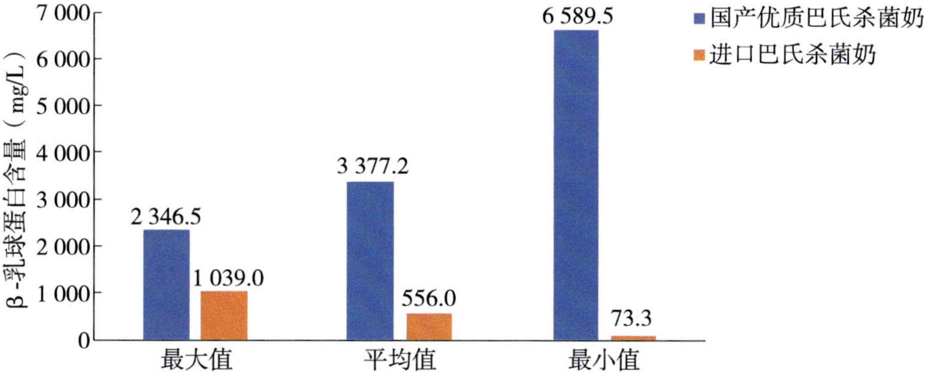

图4-11　2022年国产优质巴氏杀菌奶与进口巴氏杀菌奶β-乳球蛋白分析结果

四、优质牧场原料奶质量评价

2022年针对通过优质乳工程验收的优质奶源牧场共计178批次生乳样品开展了验收、抽检和复评审验证，参加验收、抽检和复评审验证的178批次优质奶源牧场生乳样品各项指标符合《特优级生乳》（T/TDSTIA 002—2019）的规定：脂肪≥3.4g/100g，蛋白质≥3.1g/100g，菌落总数≤5.0×10^4CFU/g（mL），体细胞数≤3.0×10^5scc/mL；优于美国PMO和欧盟标准。美国PMO条例规定：蛋白质≥2.0g/100g，菌落总数≤1.0×10^5CFU/g（mL），体细胞数≤7.5×10^5scc/mL。欧盟标准规定：蛋白质≥2.9g/100g，菌落总数≤1.0×10^5CFU/g（mL），体细胞数≤4.0×10^5scc/mL。

通过验收的优质奶源牧场生乳与欧美等国限量标准进行比较，发现通过优质乳工程验收的优质奶源牧场蛋白质和脂肪平均值显著高于优质乳工程特优级生乳标准，菌落总数和体细胞数平均值远超欧美等国标准（图4–12至图4–15）。

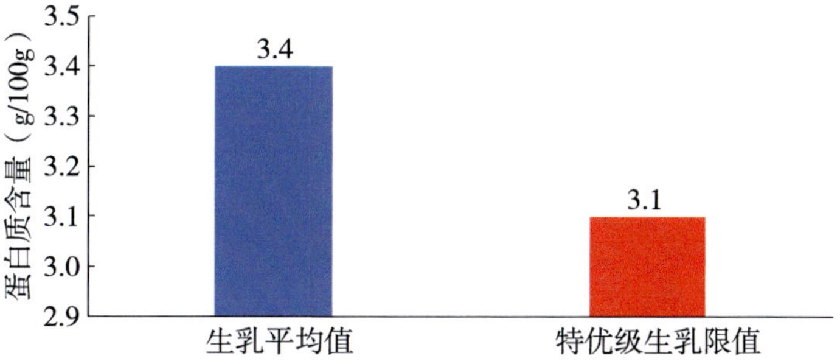

图4-12　2022年优质奶源牧场生乳蛋白质含量与特优级生乳标准比较

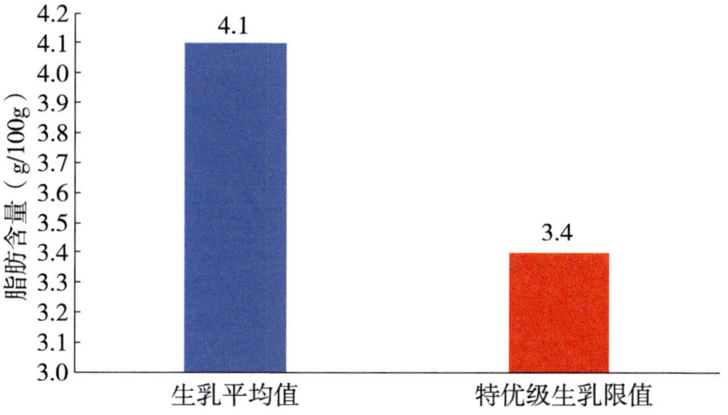

图4-13　2022年优质奶源牧场生乳脂肪含量与特优级生乳标准比较

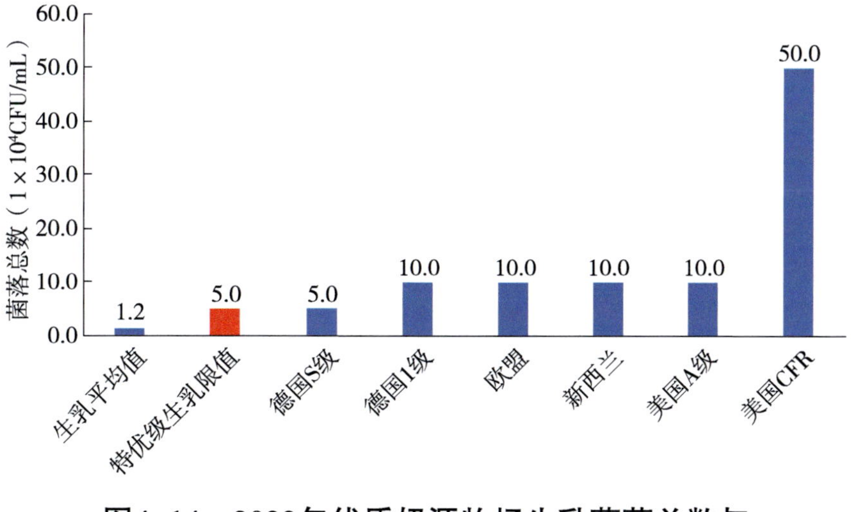

图4-14　2022年优质奶源牧场生乳菌落总数与欧美等各国限量标准比较

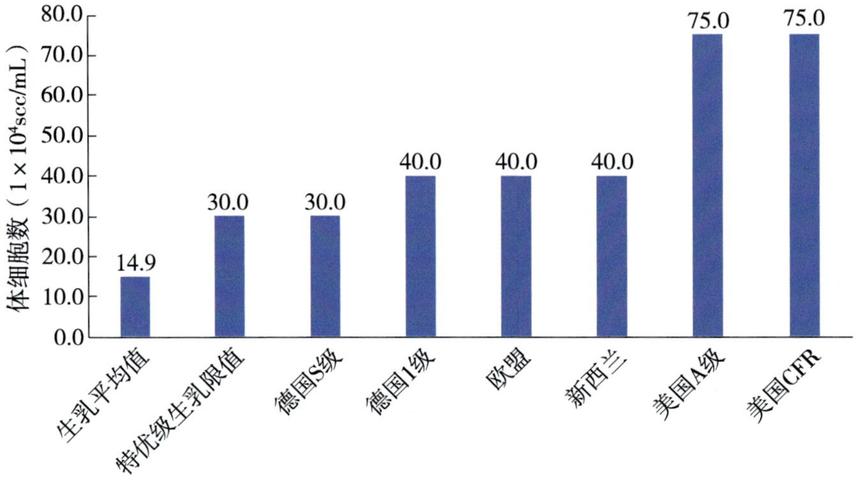

图4-15　2022年优质奶源牧场生乳体细胞数与欧美等各国限量标准比较

五、优质乳工程大事记

2022年1月3日，四川雪宝乳业在北京通过国家奶业科技创新联盟优质乳工程验收，成为全国第36家通过优质乳工程验收的企业。本次雪宝优质乳工程验收组专家有：农业农村部农业科技发展中心杨雄年主任，农业农村部工程建设服务中心郭红宇主任，农业农村部农产品质量安全监管司应急与评估处赵华军处长，国家卫生健康委员会食品安全标准与监测评估司食品营养处徐娇处长，中国农学会科普处边全乐处长，中国农业科学院协同创新处庄严处长，中国奶业协会周振峰副秘书长，国家奶业科技创新联盟王加启理事长，国家奶业科技创新联盟副理事长顾佳升，中国农业科学院北京畜牧兽医研究所奶业创新团队郑楠执行首席/研究员，国家奶业科技创新联盟秘书长张养东，农业农村部奶及奶制品质量监督检验测试中心（北京）杜兵耀博士（图4–16，图4–17）。

图4–16　四川雪宝通过优质乳工程验收

图4–17　四川雪宝优质乳工程验收会

2022年1月10—11日，国家奶业科技创新联盟副理事长顾佳升到浙江美丽健乳业有限公司进行“优质乳工程”现场调研。经过两天的调研，顾老师对美丽健乳业给予高度评价，认同美丽健乳业符合“优质乳工程”启动标准。调研期间，顾老师同时对美丽健乳业系统实施优质乳工程进行了培训指导（图4-18）。

图4-18　美丽健乳业优质乳工程启动会

2022年1月20日上午，安徽新希望白帝乳业有限公司通过国家优质乳工程专家组复评审验收。白帝乳业于2018年10月28日首次通过国家优质乳工程验收，到目前为止，已经稳定持续运行6年时间，巴氏杀菌奶产品品质始终保持在优质乳工程标准以上水平，在安徽当地市场处于领先，核心竞争力显著提升。本次安徽白帝乳业优质乳工程复评审验收组专家有：安徽省奶业协会秘书长王志耕，安徽农业大学程建波教授，国家奶业科技创新联盟理事长王加启，国家奶业科技创新联盟副理事长顾佳升，中国农业科学院北京畜牧兽医研究所奶业创新团队郑楠执行首席/研究员，国家奶业科技创新联盟秘书长张养东，农业农村部奶及奶制品质量监督检验测试中心（北京）杜兵耀博士（图4-19）。

图4-19　安徽新希望白帝乳业优质乳工程复评审验收会

2022年1月21日上午，青岛新希望琴牌乳业有限公司通过国家奶业科技创新联盟优质乳工程两次复评审。琴牌乳业优质乳工程自2017年5月2日通过奶业联盟首次验收，每半年通过奶业联盟优质乳工程飞行抽检，每两年进行现场奶源工艺产品全产业链复评审，过程控制标准和产品标准达到国家奶业科技创新联盟28项标准要求。琴牌优质乳工程稳定运行

6年来，产品品质显著提升，核心竞争力显著提高，为青岛市民及山东人民提供了优质奶制品，服务了健康中国战略。本次青岛琴牌乳业优质乳工程复评审验收组专家有：青岛农业大学食品学院韩荣伟副教授，青岛畜牧兽医研究所副所长王建华，国家奶业科技创新联盟理事长王加启，国家奶业科技创新联盟副理事长顾佳升，中国农业科学院北京畜牧兽医研究所奶业创新团队郑楠执行首席/研究员，国家奶业科技创新联盟秘书长张养东，农业农村部奶及奶制品质量监督检验测试中心（北京）杜兵耀博士（图4–20）。

图4–20　青岛新希望琴牌乳业优质乳工程复评审验收会

2022年3月11日，国家奶业科技创新联盟秘书长张养东一行到皇氏集团湖南优氏乳业有限公司进行“优质乳工程”现场调研（图4-21）。

图4-21　皇氏集团湖南优氏乳业优质乳工程现场评审

2022年3月23日，浙江一鸣食品股份有限公司通过奶业联盟国家优质乳工程验收。农业农村部科技发展中心主任杨雄年，国家奶业科技创新联盟理事长王加启、中国奶业协会副秘书长李栋等专家通过线上方式参与评审验收。奶业联盟对浙江一鸣食品的工艺以及样品开展了连续三天的现场验证，各项指标均达到优质乳工程标准要求，联盟专家现场查阅奶源和产品检测原始记录，联盟评审专家一致同意浙江一鸣食品通过国家优质乳工程验收，成为全国第37家通过验收企业（图4–22）。

图4–22　浙江一鸣食品优质乳工程验收会

2022年3月25日，山西九牛牧业股份有限公司通过奶业联盟国家优质乳工程验收。这意味着九牛牧业巴氏鲜奶已达到优质乳营养品质和卫生安全水平，标志着山西奶业发展和乳品消费正式步入优质乳工程实施新征程。九牛牧业从2018年起在国家奶业科技创新联盟领导及专家的支持和指导下全面启动“优质乳工程”项目，历经4年，重点落实了生乳关键指标监测和验证、设备能力和稳定性的测试验证、工艺优化及成品保藏试验、糠氨酸检测方法的建立和含量监测等一系列的工作。经过国家奶业科技创新联盟对九牛牧业的工艺验证以及样品监测，各项指标均达到优质乳工程验收条件，成为全国第38家、山西省首家通过验收的企业（图4-23）。

图4-23　山西九牛牧业优质乳工程验收会

2022年6月2日，新疆瑞源乳业、和田西域春乳业同时启动实施优质乳工程。由国家奶业科技创联盟、新疆维吾尔自治区奶产业技术体系、新疆畜牧科学院饲料研究所、新疆农业科学院农业质量标准与检测技术研究所、新疆农业大学五家单位（机构）共同组织实施，也是联盟组织优质乳工程实施的新模式（图4-24）。

图4-24　和田西域春优质乳工程启动会

2022年6月9日，国家奶业科技创新联盟理事长王加启、副理事长郑楠、秘书长张养东等联盟专家通过线上形式参加了贵州南方乳业有限公司的“优质乳工程”启动仪式。会上，联盟专家听取了南方乳业企业情况介绍，同时对南方乳业进行了系统的优质乳工程培训指导。南方乳业正式启动实施优质乳工程（图4-25）。

图4-25　贵州南方乳业优质乳工程启动会

2022年6月27日，国家奶业科技创新联盟理事长王加启、副理事长郑楠、秘书长张养东等联盟专家通过线上形式参加了湖南金建乳业有限公司的“优质乳工程”启动仪式。会上，联盟专家听取了金建乳业企业情况介绍，同时对金建乳业进行了系统的优质乳工程培训指导。湖南金建乳业正式启动实施优质乳工程（图4–26）。

图4–26　湖南金建乳业优质乳工程启动会

2022年6月27日，国家奶业科技创新联盟理事长王加启、副理事长郑楠、秘书长张养东等联盟专家通过线上形式对现代牧业赛罕牧场和托县牧场开展了优质乳工程评审验收（图4–27，图4–28）。

图4–27　现代牧业赛罕牧场优质乳工程评审验收会

图4–28　现代牧业托县牧场优质乳工程评审验收会

2022年6月28日，国家奶业科技创新联盟聘请专家组通过线上形式对现代牧业塞五牧场和乌兰牧场开展了优质乳工程评审验收（图4-29，图4-30）。

图4-29　现代牧业塞五牧场优质乳工程评审验收会

图4-30　现代牧业乌兰牧场优质乳工程评审验收会

2022年6月29日，国家奶业科技创新联盟聘请专家组通过线上形式对现代牧业临沂牧场和宿迁牧场开展了优质乳工程评审验收（图4-31，图4-32）。

图4-31　现代牧业临沂牧场优质乳工程评审验收会

图4-32　现代牧业宿迁牧场优质乳工程评审验收会

2022年6月30日，国家奶业科技创新联盟聘请专家组通过线上形式对现代牧业衡水牧场和新乐牧场开展了优质乳工程评审验收（图4-33，图4-34）。

图4-33　现代牧业衡水牧场优质乳工程评审验收会

图4-34　现代牧业新乐牧场优质乳工程评审验收会

2022年7月6日，国家奶业科技创新联盟理事长王加启和秘书长张养东一行到郑州参加了首届中原鲜奶文化节。王加启理事长在会上做“优质乳工程与河南奶业发展”主题报告（图4–35）。

图4–35　首届中原鲜奶文化节

2022年7月21日，国家奶业科技创新联盟聘请专家组到现代牧业和林一牧开展优质乳工程评审验收（图4–36）。

图4-36　现代牧业和林一牧优质乳工程评审验收会

2022年7月22日，国家奶业科技创新联盟聘请专家组到现代牧业和林二牧开展优质乳工程评审验收（图4-37）。

图4-37　现代牧业和林二牧优质乳工程评审验收会

2022年7月25日，国家奶业科技创新联盟聘请专家组到现代牧业宁夏吴忠牧场开展优质乳工程评审验收（图4-38）。

图4-38　现代牧业宁夏吴忠牧场优质乳工程评审验收会

2022年7月26日，国家奶业科技创新联盟聘请专家组到现代牧业宁夏阜民丰牧场开展优质乳工程评审验收（图4-39）。

图4-39　现代牧业宁夏阜民丰牧场优质乳工程评审验收会

2022年7月28日，国家奶业科技创新联盟聘请专家组通过线上形式对现代牧业云南曲靖牧场和四川眉山牧场开展了优质乳工程评审验收（图4-40，图4-41）。

图4-40　现代牧业云南曲靖牧场优质乳工程评审验收会

图4-41　现代牧业眉山牧场优质乳工程评审验收会

2022年7月29日，国家奶业科技创新联盟聘请专家组通过线上形式对现代牧业磴口牧场和衡水二牧开展了优质乳工程评审验收（图4-42，图4-43）。

图4-42　现代牧业磴口牧场优质乳工程评审验收会

图4-43　现代牧业衡水二牧优质乳工程评审验收会

2022年8月24—26日，国家奶业科技创新联盟组织通过优质乳工程验收产品成果参加了在南京举办的“2022全国农业高新技术成果交易活动展”，助力优质乳工程产品推广宣传（图4-44）。

图4-44　2022全国农业高新技术成果交易活动现场展位

2022年9月5日，国家奶业科技创新联盟理事长王加启、副理事长郑楠、秘书长张养东参加了在山东济南举办的2022年现代牧业优质乳工程项目成果发布暨国家优质乳工程技术专题研讨会。会上，联盟与现代牧场共同发布了2022年度现代牧业优质乳工程评价成果报告；同时，对现代牧业新增通过验收牧场进行了标杆牧场和示范牧场的颁奖（图4-45至图4-48）。

图4-45　2022年现代牧业优质乳工程项目成果发布暨国家优质乳工程技术专题研讨会

图4-46　2022年度现代牧业优质乳工程评价成果报告发布仪式

图4-47　2022年度现代牧业优质乳工程标杆牧场颁奖仪式

图4-48　2022年度现代牧业优质乳工程示范牧场颁奖仪式

2022年9月6日，国家奶业科技创新联盟在山东济南第十三届奶业大会上，正式发布了《中国奶业质量报告（2022）》（图4-49）。

图4-49　《中国奶业质量报告（2022）》发布会

2022年9月14日，国家奶业科技创新联盟组织专家对美丽健乳业优质乳工程进行验收。国家奶业科技创新联盟秘书长张养东主持验收会议，宁波大学食品学院院长潘道东、浙江大学奶业科学研究所任大喜教授、浙江省奶业协会副秘书长赵广生、农业农村部奶及奶制品质量监督检验测试中心（北京）孟璐博士和中国农业科学院北京畜牧兽医研究所奶业创新团队赵艳坤博士等验收专家组参加了现场验收会议。此次验收会，专家组对美丽健乳业牧场饲养管理、消毒防疫、疫病防治、奶厅卫生、安全隐患、加工贮藏、检测检验等各个环节进行了深入的现场调研，在听取了美丽健优质乳工程系列工作报告，并结合对牧场、工厂的现场情况评审及产品抽样检测结果进行审核。专家组认为美丽健乳业奶源质量安全可靠，其菌落总数、体细胞数等核心指标均达到联盟标准要求，经过严格评审和讨论，专家组一致同意美丽健乳业通过优质乳工程验收（图4-50）。

图4-50　浙江美丽健乳业优质乳工程验收会

2022年9月21日，弗里生（天津）奶制品有限公司实施国家优质乳工程现场启动会在天津召开，会议由国家奶业科技创新联盟理事长王加启主持。出席本次会议的领导和专家有：国家奶业科技创新联盟理事长王加启，国家奶业科技创新联盟副理事长/中国农业科学院北京牧医所奶业创新团队首席专家郑楠，国家奶业科技创新联盟秘书长张养东，天津市农业发展服务中心副主任孟庆江，北辰区农业农村委党委书记/主任张志旺，北辰区市场监管局党委书记/局长冯文革，北辰区市场监管局四级调研员王子刚，天津市北辰区农业发展服务中心主任江乐泽，北辰区经济开发区总公司党委书记/董事长刘春海，天津梦得集团有限公司董事长于静，中优乳奶业研究院（天津）有限公司常务副院长屈雪寅等（图4-51）。

图4-51　弗里生（天津）奶制品有限公司国家优质乳工程启动会

2022年9月22日上午，天津海河乳品有限公司实施国家优质乳工程项目正式启动，此次启动会采用“线上与线下”相结合的方式开展。国家奶业科技创新联盟理事长王加启出席并讲话，国家奶业科技创新联盟秘书长张养东对优质乳工程的实施工作进行了详细指导，天津市农业发展服务中心副主任、天津市奶业科技创新协会会长孟庆江代表天津奶业科技创新协会在仪式上致辞（图4-52）。

图4-52　天津海河乳品有限公司国家优质乳工程启动会

2022年9月22日下午，河北新希望天香乳业有限公司通过国家奶业科技创新联盟优质乳工程专家组第二次复评审验收。天香乳业2017年10月1日正式启动国家优质乳工程，2017年12月18日首次通过国家奶业科技创新联盟优质乳工程专家组验收，2020年8月26日通过国家奶业科技创新联盟优质乳工程专家组第一次复评审验收；运行5年来，产品生产过程可控，品质稳定（图4-53）。

图4-53　河北新希望天香乳业优质乳工程复评审验收会

2022年9月23日上午，四川新华西乳业有限公司通过国家奶业科技创新联盟优质乳工程专家组第二次复评审验收。华西乳业2016年10月27日正式启动国家优质乳工程，2017年3月27日通过国家奶业科技创新联盟优质乳工程专家组验收，2020年9月6日通过国家奶业科技创新联盟优质乳工程专家组第一次复评审验收；运行6年来，产品品质稳定，受到当地消费者喜爱（图4-54）。

2022年9月23日下午，杭州新希望双峰乳业有限公司通过国家奶业科技创新联盟第二次复评审验收。双峰乳业2016年7月11日正式启动国家优质乳工程，2017年3月19日通过国家奶业科技创新联盟优质乳工程专家组验收，2020年8月26日通过国家奶业科技创新联盟优质乳工程专家组第一次复评审验收；历经5年，产品品质稳定，稳定达到了优质乳工程28项标准（图4-55）。

图4-54　四川新华西乳业优质乳工程复评审验收会

图4-55　杭州新希望双峰乳业优质乳工程复评审验收会

2022年9月26日，国家奶业科技创新联盟赴扬大康源乳业和扬大实验农牧场进行技术交流。扬大实验农牧场2022年作为奶业联盟的豆粕减量替代专用尿素类产品研发动物验证试验基地，为国家豆粕减量替代探索新途径，研发新产品，目前验证试验已取得可喜效果（图4-56）。

图4-56 国家奶业科技创新联盟赴扬大康源乳业和扬州大学实验农牧场进行技术交流

2022年11月5日，农业农村部在中国科学院学术会堂组织联盟评估工作，王加启理事长代表奶业联盟汇报工作成效，评估工作以线下和线上方式联合开展（图4-57）。

图4-57 王加启理事长在农业农村部组织联盟评估工作会作汇报

2022年11月9日，福建长富乳品有限公司10款巴氏杀菌乳产品、11个规模化牧场通过国家优质乳工程第三次复评审验收。长富乳品是最早实施优质乳工程的企业之一。2017年2月15日，首次通过国家奶业科技创新联盟优质乳工程专家组验收。2018年8月5日，首次通过国家奶业科技创新联盟优质乳工程专家组第一次复评审验收，也是通过联盟复评审验收的第一家企业。2020年8月10日，长富乳业全品项10款巴氏杀菌乳通过国家奶业科技创新联盟优质乳工程专家组第二次复评审验收，也是联盟内首次全品项巴氏杀菌乳产品通过验收的企业。同时本次验收首次面向全部优质乳工程企业开放，共同交流学习企业经验，取得良好效果（图4-58）。

图4-58 福建长富乳品优质乳工程复评审验收会

2022年12月8日下午，广东燕塘乳业股份有限公司通过国家奶业科技创新联盟第二次复评审验收。广东燕塘乳业从2017年3月实施优质乳工程到目前历经5年，经过第三方半年一抽检，连续8次抽检评价结果达到优质乳工程《优质巴氏杀菌乳》产品标准，产品稳定达到了优质乳工程28项标准，为广东人民提供了优质的奶制品（图4-59）。

图4-59　广东燕塘乳业优质乳工程复评审验收会

2022年12月15日，皇氏集团湖南优氏乳业有限公司通过国家奶业科技创新联盟优质乳工程验收。全国畜牧总站奶业与畜产品加工处处长闫奎友，中科院亚热带生态研究所所长/湖南奶业协会会长谭支良，扬州大学赵国琦教授，东北农业大学副院长辛杭书，湖南农业大学张佩华副教授，国家奶业科技创新联盟理事长王加启等专家通过线上方式参与评审验收。奶业联盟对皇氏集团湖南优氏乳业的工艺以及样品开展了连续3天的现场验证，各项指标均达到了优质乳工程标准要求，联盟专家现场查阅奶源和产品检测原始记录，联盟评审专家一致同意皇氏集团湖南优氏乳业通过国家优质乳工程验收，成为湖南第2家，全国第40家通过验收的企业（图4-60）。

图4-60　皇氏集团湖南优氏乳业优质乳工程验收会

2022年12月16日上午，河南花花牛乳业集团股份有限公司通过国家奶业科技创新联盟第一次复评审验收。河南花花牛乳业从2018年9月7日启动实施优质乳工程，2019年6月两款鲜牛奶产品通过优质乳工程验收，到目前历经4年，经过第三方连续4次抽检，评价结果达到优质乳工程《优质巴氏杀菌乳》产品标准，产品品质稳定达到标准要求，为河南消费者提供了优质的巴氏杀菌乳，助力河南人民健康（图4-61）。

图4-61　河南花花牛乳业优质乳工程复评审验收会

参考文献

国际乳品联合会. The World Dairy Situation2022[EB/OL]. https://shop.fil-idf.org/collections/publications/products/bulletin-of-the-idf-n-518-2022-world-dairy-situation-report.

国家奶牛产业体系，2023-02-02. 中国奶业贸易月报[EB/OL]. https://mp.weixin.qq.com/s/LMwTX7zsyGgevTh3G1CuSQ.

国家奶牛产业体系，2023-02-03. 中国奶业经济月报[EB/OL]. https://mp.weixin.qq.com/s/8hpmcH9d1X9ikxWoyh_BCQ.

国家市场监督管理总局食品安全抽检监测司，2023-05-26. 市场监管总局关于2022年市场监管部门食品安全监督抽检情况的通知[EB/OL]. https://www.samr.gov.cn/zw/zfxxgk/fdzdgknr/spcjs/art/2023/art_2c0e4bd592754f43b60bcff7372af7cd.html.

国家统计局，2023-02-28. 中华人民共和国2022年国民经济和社会发展统计公报[EB/OL]. http://www.stats.gov.cn/sj/zxfb/202302/t20230228_1919011.html.

经济日报，伊利集团消费趋势报告（奶制品）[EB/OL]. https://baijiahao.baidu.com/s?id=1727853409225216242&wfr=spider&for=.

联合国粮食及农业组织，2023-06-14. 粮食与农业数据[EB/OL]. http://www.fao.org/faostat/zh/.

欧盟食品与饲料快速预警系统[EB/OL] https://webgate.ec.europa.eu/rasff-window/screen/search.

中华人民共和国海关总署，2022-07-17. 统计月报数据[EB/OL].http://www.customs.gov.cn/

CONESA C，ROTA C，CASTILLO E，et al.，2010. Effect of heat treatment on the antibacterial activity of bovine lactoferrin against three foodborne pathogens[J]. International Journal of Dairy Technology，63：209-215.

HERNANDEZ-LEDESMA B，RECIO I，AND AMIGO L，2008. Beta-lactoglobulin as source of bioactive peptides[J]. Amino Acids，35：257-265.

KRAUSE R，KNOLL K，HENLE T，2003. Studies on the formation of furosine and pyridosine during acid hydrolysis of different Amadori products of lysine[J]. European Food Research and Technology，216：277-283.

LAN X Y，WANG J Q，BU D P，et al.，2010. Effects of heating temperatures and addition of reconstituted milk on the heat indicators in milk[J]. Journal of Food Science 75：653-658.

LEE A P，BARBANO D M，DRAKE M A，2017. The influence of ultra-pasteurization by indirect heating versus direct steam injection on skim and 2% fat milks[J]. Journal of Dairy Science，100：1688-1701.

LEGRAND D. 2016. Overview of lactoferrin as a natural immune modulator[J]. The Journal of Pediatrics，173 Suppl：S10-15.

LI H Y，YANG H G，LI P，et al.，2019. Effect of heat treatment on the antitumor activity of lactoferrin in human colon tumor (HT29) model[J]. Journal of Agricultural and Food Chemistry，67：140-147.

LIU H C，CHEN W L，MAO S J T，2007. Antioxidant nature of bovine milk β -lactoglobulin[J]. Journal of Dairy Science，

90：547-555.

OKUBO K，KAMIYA M，URANO Y，et al.，2016. Lactoferrin Suppresses Neutrophil Extracellular Traps Release in Inflammation[J]. EBioMedicine，10：204-215.

PUDDU P，LATORRE D，CAROLLO M，et al.，2011. Bovine lactoferrin counteracts Toll-like receptor mediated activation signals in antigen presenting cells[J]. PLoS One，6：e22504.

RITOTA M，Di COSTANZO M G，MATTERA M，et al.，2017. New trends for the evaluation of heat treatments of milk[J]. Journal of Analytical Methods in Chemistry，2017：1864832.

WANG M，WANG L，LYU X，et al.，2022. Lactulose production from lactose isomerization by chemo-catalysts and enzymes：Current status and future perspectives[J]. Biotechnology Advances，60：108021.

致　谢

衷心感谢以下单位和项目的支持：

农业农村部农产品质量安全监管司

农业农村部畜牧兽医局

农业农村部农垦局

农业农村部奶产品质量安全风险评估实验室（北京）

农业农村部奶及奶制品质量监督检验测试中心（北京）

农业农村部奶及奶制品质量安全控制重点实验室

国家奶业科技创新联盟

中国农业科学院重大科研选题

国家奶产品质量安全风险评估重大专项

农产品（生鲜乳、复原乳）质量安全监管专项

公益性行业（农业）科研专项

国家奶牛产业技术体系

中国农业科学院科技创新工程